Lieferung 2 Preis 1 Mark

Gesamtpreis des Werkes gebunden 25 Mark

DIE ZEICHENKUNST

METHODISCHE DARSTELLUNG DES GESAMTEN ZEICHENWESENS

UNTER MITWIRKUNG
VON
A. ANDĚL, LUDWIG HANS FISCHER, M. FÜRST, O. HUPP, A. KULL, KONRAD LANGE, A. MICHOLITSCH, ADOLF MÖLLER, PAUL NAUMANN, F. REISS, A. v. SAINT-GEORGE, KARL STATSMANN, R. TRUNK, J. VONDERLINN UND HERMANN WIRTH

HERAUSGEGEBEN
VON

KARL KIMMICH

ZWEITE
VERBESSERTE UND VERMEHRTE AUFLAGE

MIT 1157 ABBILDUNGEN IM TEXT
UND 60 TAFELN IN FARBEN- UND LICHTDRUCK

23 LIEFERUNGEN à 1 MARK UND 2 EINBANDDECKEN à 1 MARK
KOMPLETT IN 2 ORIGINALLEINENBÄNDEN 25 MARK

LEIPZIG
G. J. GÖSCHEN'SCHE VERLAGSHANDLUNG

Einzelne Lieferungen werden nicht abgegeben
Die Abnahme von Lieferung 1 verpflichtet zum Bezug des ganzen Werkes

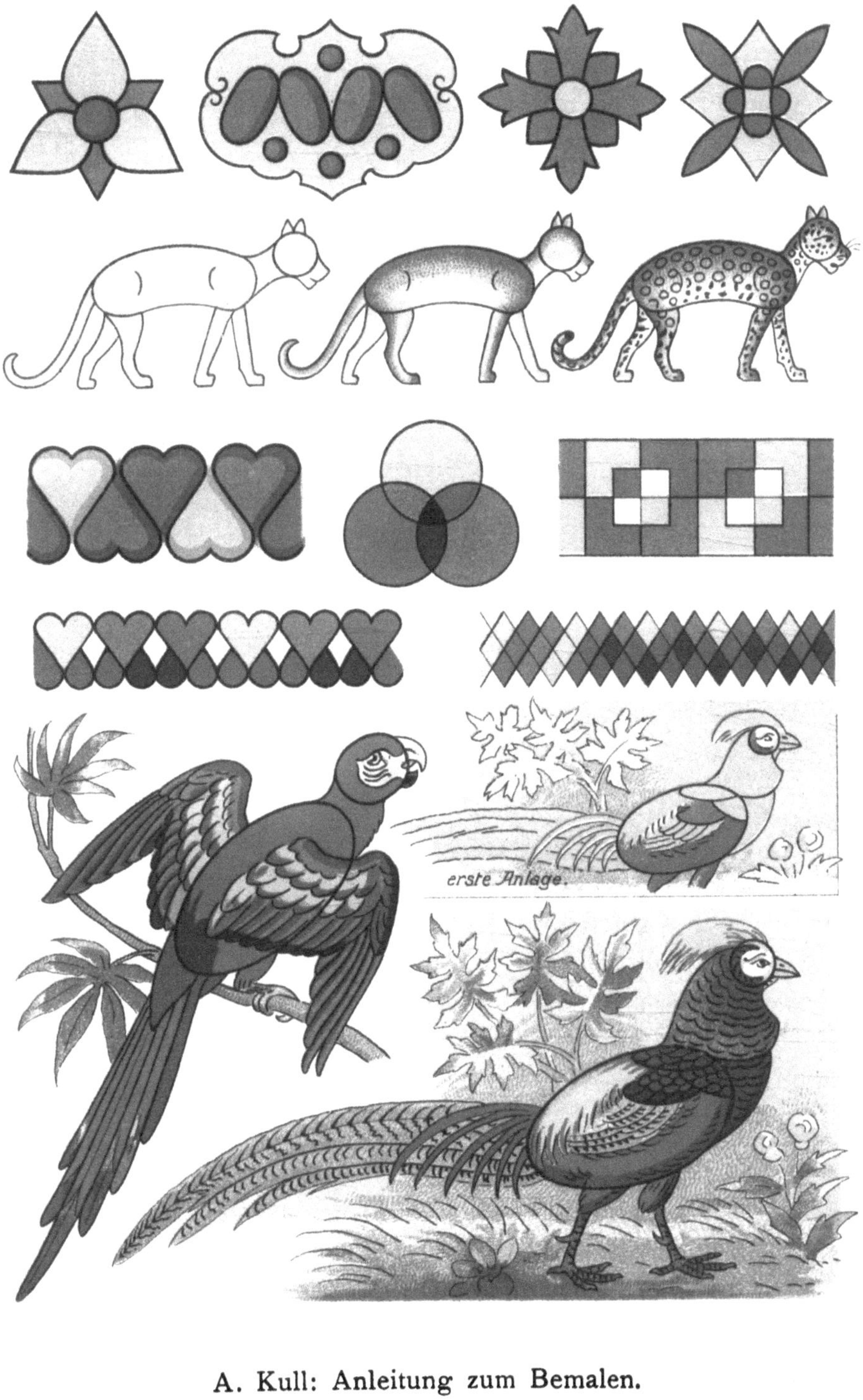

A. Kull: Anleitung zum Bemalen.

ziemlich gute, den Moment treffende Kopien damit anzufertigen. Wie muß es einen Jungen freuen, seinen „Lederstrumpf", seine Heldensagen selbst illustrieren zu können! Auch die Einrahmung seiner Bilder oder die Verzierung eines Gegenstandes durch solche laufende Friese werden dem Kinde viele Unterhaltung gewähren und Lust zum Zeichnen in ihm erwecken.

9. Zu koloristischen Übungen eignen sich für den Anfang, schon wegen der Reinlichkeit, in Holz gefaßte Farbstifte, welche zwar nur ein leichtgetöntes Farbenspiel ermöglichen, aber gerade deshalb ungebührliches Klecksen verhindern. Was das Bemalen mit Wasserfarben anbelangt, so gebe man dem Kinde zuerst nur Gelb, Rot und Blau, lasse die Konturen des Bildes mit scharf begrenzten, kräftigen Strichen aufzeichnen und gebe stets genau die Grenzen jeder Farbe an. Nur eine Farbe nach der andern: zuerst Gelb, dann Rot, zuletzt Blau! Peinlichste Sauberkeit! Nun zeige man erst die Entstehung neuer Farben durch Mischung; dies geschieht am überzeugendsten bei den drei ineinander verschlungenen Kreisen. Bei Grün wird zuerst Gelb angelegt; dies läßt man gut trocknen und fährt dann mit Blau darüber. Dadurch wird eine viel reinere Farbe erzielt. (Tafel III.) Wie freut sich das Kind der neuentstehenden Farben Orange, Grün und Violett! Eine weitere Ausführung, wie bei Leopard und Fasan, folgt erst zuletzt, wenn die Farbflächen rein angelegt sind; sonst vermischen sich Bleistift und Farbe.

Für sämtliche Stufen ist außer Schiefertafel und Griffel ein weißes, nicht zu dünnes, glattes Papier und ein weicher, stumpfer Bleistift zu wählen. Ist dieser hart und spitzig, fallen die Striche weniger präzis aus. Anfangs wirken Linien nur störend. Bei größerer Sicherheit dagegen trägt Liniatur wesentlich zur Korrektheit der Zeichnung bei, fürs Ornamentische ist sie unentbehrlich. Geeignet ist blau bedrucktes und quadriertes Postpapier; ebenso die quadrierte Seite der Schultafel. —

Gutgeleitetes spielendes Zeichnen legt gewiß im Kindesgeist den Grund zu eigener freier Naturanschauung und zur Ausbildung des Schönheitsgefühls.

III

Das erste Zeichnen nach Flach-Ornamenten

Von

Adalbert Micholitsch

Ein guter Zeichenunterricht hat eine dreifache Aufgabe: 1. muß er die Schüler zum Richtigsehen erziehen, 2. ihren Geschmack bilden, 3. sie befähigen, das richtig Gesehene darstellen zu können. Diejenige Unterrichtsmethode, welche diesen Anforderungen am ehesten entspricht, ist die zweckmäßigste.

Ein geübtes Auge sieht bedeutend mehr als ein ungeübtes, während Tausende von Menschen freilich so in die Welt hineinschauen, daß ihnen die wenigsten von den gesehenen Dingen zum Bewußtsein kommen. Es ist klar, daß Menschen mit geübten Augen den anderen gegenüber sehr im Vorteil sind.

Wer gewohnt ist, alles mit Bewußtsein zu betrachten, wird nicht nur ein scharfer Beobachter sein, sondern er wird auch eine große Menge von Vorstellungen in sich aufnehmen. Seine Phantasie wird den Schatz des Wahrgenommenen in der mannigfaltigsten Weise verbinden und verarbeiten, wird sich um so reicher und schöpferischer entfalten.

Eine schöpferische Phantasie aber ist bei Ausübung der Künste unentbehrlich; sie ist aber auch bei allen technischen und wissenschaftlichen Arbeiten, Entdeckungen und Erfindungen bekanntlich von hervorragender Bedeutung.

Weiter: Ein Mensch, der gewohnt ist, die Natur und deren in derselben sich abspielende Vorgänge mit offenen Augen richtig anzuschauen, wird nicht nur die Natur selbst mit erhöhtem Interesse betrachten und sich an ihrer Mannigfaltigkeit und Schönheit freuen; er wird auch bei Betrachtung von Kunstwerken die in der Natur gemachten Beobachtungen zu Rate ziehen; er wird mit Interesse z. B. die Darstellungen auf ihre Naturwahrheit prüfen. Dadurch wird sein Interesse für die bildenden Künste geschärft, seine künstlerische Genußfähigkeit erhöht. Also: *Für die gesamte technische und ästhetische Bildung ist das bewußte Sehen von Bedeutung.*

Um nun die Schüler zu diesem bewußten Sehen zu erziehen, muß man sie daran gewöhnen, nicht nur das Gesamtbild von Dingen der Natur und Kunst auf sich einwirken zu lassen, sondern auch diese Gebilde in ihren Einzelheiten zu beobachten. Sie müssen angeleitet werden, die Gesamterscheinung zu zergliedern, die einzelnen Teile bezüglich ihrer Form und Ausdehnung miteinander zu vergleichen und ihr Verhältnis zum Ganzen festzustellen. Diese Beobachtungen dürfen sich dann nicht nur auf die Form, sondern auch auf die Farbe der Dinge erstrecken. So werden die Schüler zu einer bestimmten, scharfen Gesamtauffassung alles Gesehenen gelangen.

Sollen nun Sehübungen methodisch erfolgen, so muß man dabei vom Einfachen zum Zusammengesetzten fortschreiten. Man wird für den Anfang das Einfachste wählen. Der am leichtesten aufzufassende Körper ist unzweifelhaft der Würfel. Für den Zeichenunterricht freilich, bei dem es sich nicht bloß um das Betrachten, sondern auch um das Darstellen handelt, ist der Würfel nicht das einfachste Gebilde, weil zur Darstellung desselben Kenntnis der Perspektive gehört. Man wähle also die einfachste Fläche, das Quadrat, in der Folge geometrische Flachornamente zur Übung, und zwar deshalb, weil auch die Farbe in Betracht kommt, die am Körper in den vielen Veränderungen, die sie durch Licht und Schatten erleidet, von dem kindlichen Beobachter noch gar nicht verfolgt oder gar nachgebildet werden kann. Auf das Nachbilden der betrachteten Gebilde aber kann der Zeichenunterricht gar nicht verzichten, weil erst die zeichnerische Wiedergabe eines Gebildes auch sichere Gewähr bietet, daß dasselbe richtig aufgefaßt worden ist.

Der Zeichenunterricht soll auch den Geschmack der Schüler bilden. Jedes Ding, das in seiner Art vollkommen ist, erregt unser Wohlgefallen, wir nennen es schön. Ein Apfel, eine Birne oder ein Ei werden uns dann gefallen, wenn sie in ihren Formen vollkommen sind. Ist z. B. die eine Hälfte des Apfels oder der Birne verkümmert, so wird uns ihre Form nicht gefallen; ein Ei werden wir nicht schön nennen, wenn es zu sehr in die Länge gezogen ist oder sich zu stark der Kugelform nähert. Je schwerer die Gesetze, nach denen eine Form gebildet ist, zu erkennen sind, desto schwieriger ist dieselbe auch auf ihre Schönheit zu prüfen. Ist irgend ein Gebilde, z. B. ein Ornament, aus mehreren Einzelformen zusammengesetzt, so genügt noch nicht, daß jede einzelne Form für sich schön ist, damit das Ganze unser Wohlgefallen errege, sondern die einzelnen Formen müssen auch zueinander in harmonische Beziehung treten: sie müssen so in Einklang sein, daß ihre Verhältnisse proportioniert sind und Symmetrie und Rhythmus haben.

Diese Grundgesetze der Schönheit kann man am leichtesten an Gebilden beobachten, deren Einzelformen nicht mittelbar oder unmittelbar der lebenden Natur entnommen, sondern nach geometrischen Regeln aufgebaut sind. Ob eine Gerade, ein Quadrat, oder eine Kreislinie ihrem Begriff ganz entspricht, also vollkommen, daher schön ist, das läßt sich bald erkennen. Auch ist leicht zu ermessen, ob geometrische Einzelformen symmetrisch oder rhythmisch geordnet sind, und ob sie zueinander in einem richtigen Verhältnis stehen, ob sie proportioniert sind. Deshalb sehen wir auch alle primitiven Völker das geometrische Ornament pflegen. Aufnahmen nach geometrischen Ornamenten aus den verschiedensten Zeiten und von mancherlei Völkern sind alle so streng nach jenen Grundgesetzen gebildet, daß das Ornament, mit dem eine Negerfrau von den Ufern des Sambesi ihre Tasche bestickt, ebensogut von der Hand einer Mykenierin oder der Frau eines Pharaonen herrühren könnte.

Also: Die Schüler werden die Grundgesetze der Schönheit am leichtesten aus geometrischen Ornamenten herausfinden. Deshalb ist für die Bildung ihres Geschmacks anfangs das geometrische Ornament herbeizuziehen.

Der Zeichenunterricht hat endlich die Aufgabe, die Schüler dahin zu bringen, daß sie daß Gesehene und Aufgefaßte auch darstellen können.

Zum zeichnerischen Darstellen ist jedoch eine zweifache Tätigkeit notwendig:

1. muß der Zeichner die Lage der wichtigsten Punkte seiner Arbeit genau bestimmen;
2. diese Punkte durch Linien verbinden, um den Umriß einer Zeichnung zu bekommen.

Zur Vollendung einer Zeichnung ist sodann unter Umständen noch die Angabe von Licht und Schatten erforderlich.

Die gegenseitige Lage der verschiedenen Punkte einer Figur ist um so leichter zu bestimmen, je deutlicher sie darin zu erkennen sind. Die wichtigsten Punkte eines Vierecks oder einer Kreislinie z. B. sind viel leichter zu bestimmen, als die des einfachsten Blattumrisses.

Am leichtesten ist eine Figur zu zeichnen, die entweder nur von geraden Linien begrenzt ist, oder deren Grenzen krumme Linien von geometrischer Ordnung bilden, weil solche Linien am leichtesten auf ihre Richtigkeit zu prüfen sind. All das führt uns wieder auf die geometrischen Ornamente.

Wir werden also den eigentlichen Zeichenunterricht unter allen Umständen mit der Nachbildung von einfachen geometrischen Ornamenten einleiten, und sie vom Anfang an in ihren Farben nachbilden lassen.

Nicht unbedingt notwendig, aber sehr wünschenswert ist es ferner, die Schüler im Verlauf des Unterrichts auch mit verschiedenen technologischen und kunsthistorischen Dingen etwas vertraut zu machen.

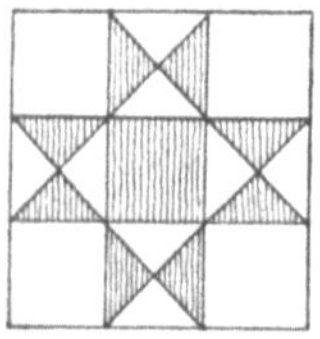
Fig. 342.

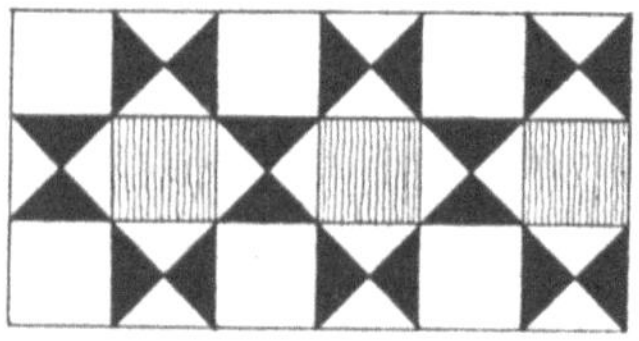
Fig. 343.

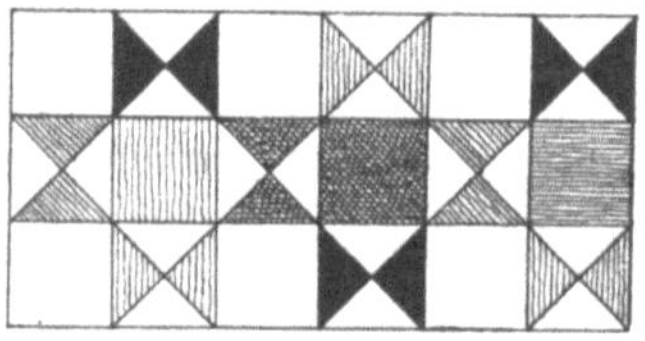
Fig. 344.

Die Ausführung der Übungsbeispiele, welche nun folgen, kann verschieden sein nach den Fähigkeiten der Schüler. Während die einen die abgetönten Ornamentteile nur mit einem einfachen Farbentone (Fig. 342), z. B. mit Kaffee- oder Neutraltinte, anlegen, werden andere diesem Farbentone noch einen zweiten (Fig. 343), etwa Tusche, beifügen, um der Farbengebung des Originals näher zu kommen.

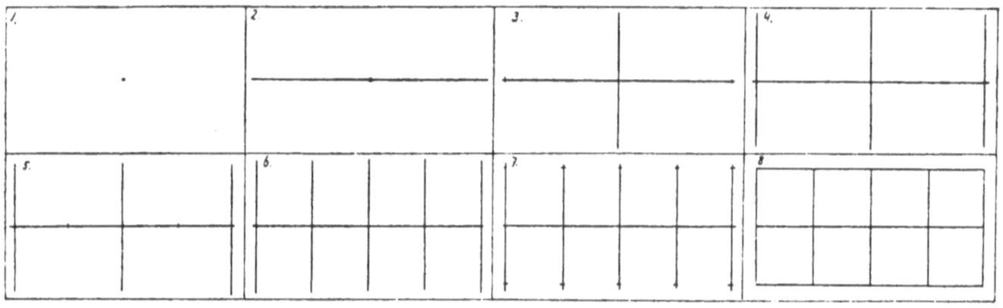
Fig. 345.

Die besseren Schüler endlich werden die Arbeit in den Farben des Originals ausführen (Fig. 344, siehe S. 45 Fig. 356 und Tafel IV). Wer das Zeichnen ohne Lehrer erlernen will, wird selbstverständlich die Übungsbeispiele bis zur letzten Stufe ausführen. Auf bloße Konturzeichnungen, ohne weitere Ausführung mit Farbentönen, soll sich auch der schwächste Schüler nicht beschränken.

Die Art der stufenweisen Entwicklung der Übungsbeispiele ist aus nachstehenden Figuren zu entnehmen (Fig. 345); die weitere Ausführung

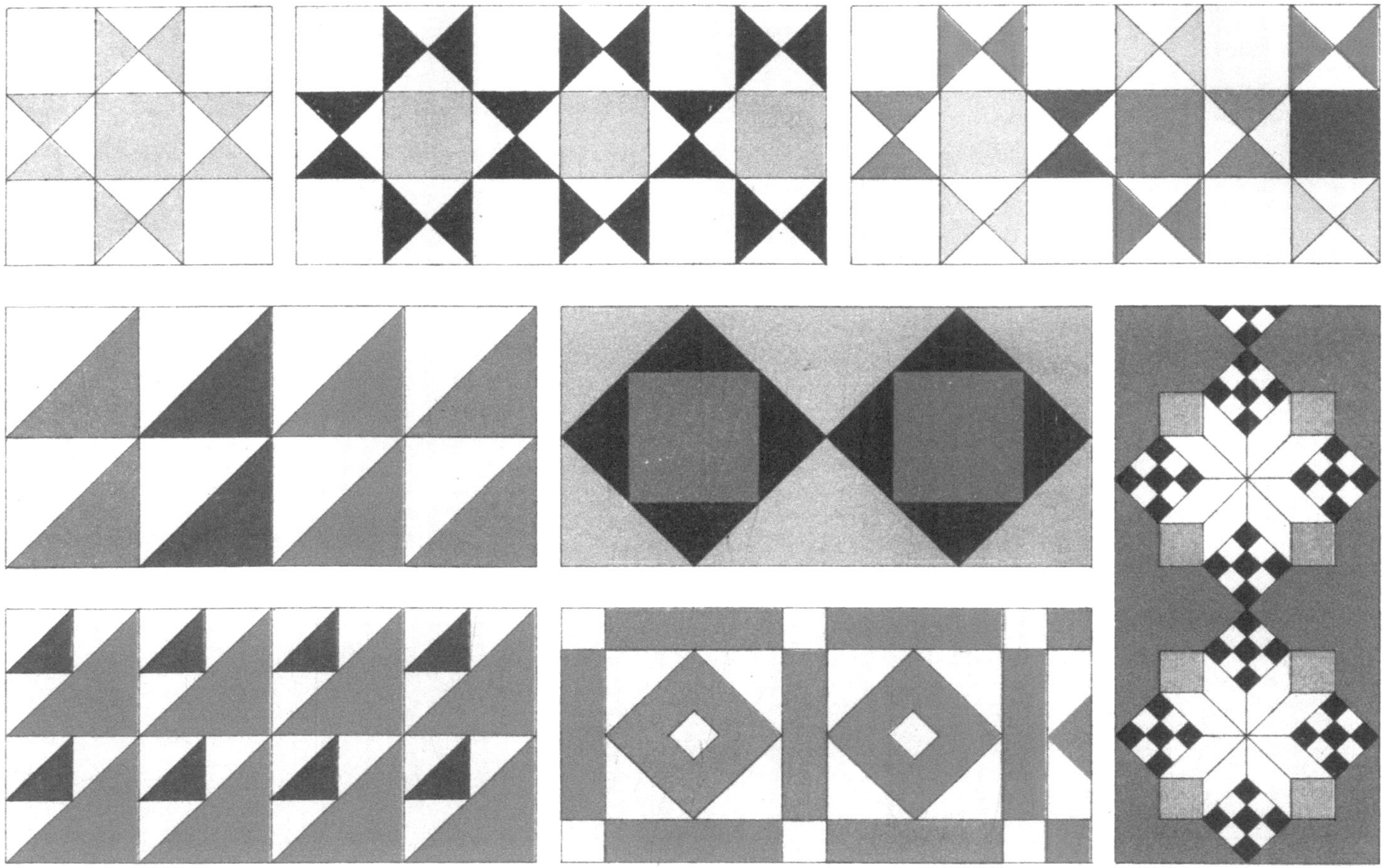

A. Micholitsch: Farbig ausgeführte Uebungsbeispiele.

der verschiedenen Ornamente ist bei den Beispielen angegeben. In der Schule muß der Lehrer die Figur, welche als Wandtafel- oder Tafelzeichnung den Schülern vollständig fertig vor Augen gebracht wird, genau erklären, wobei er hauptsächlich zu beachten hat: die Grundform der Figur; die charakteristischen Merkmale derselben; die Gleichheit und Ungleichheit der verschiedenen Teile im Verhältnis zueinander u. dgl. mehr. Es ist unbedingt notwendig, daß die betreffenden Ornamente auch farbig, ungefähr in der Größe eines halben Bogens Papier, ausgeführt werden. Man kann ziemlich mühelos sämtliche Ornamente aus farbigen Papierstücken zuschneiden, zusammensetzen und auf Pappe aufkleben. Am allerbesten freilich läßt man die Schüler nach großen farbigen Wandtafeln arbeiten. Die Herstellung erfordert allerdings Zeit und Mühe, aber die gesteigerte Arbeitslust der Schüler belohnt den Lehrer für seine Mühe.

Endlich regelt der Lehrer die Ausführung der Arbeiten durch eine Skizze, welche er neben der Wandtafel Abschnitt für Abschnitt entwirft, ohne dabei ein **Vorausarbeiten** der gewandteren Schüler **zu dulden.** Die folgenden Übungsbeispiele werden für den, der sich selbst unterrichtet, vollkommen ausreichen; für den Massenunterricht in der Schule könnte eine Vermehrung derselben notwendig werden. Grundbedingung des Erfolges ist für alle Teile ehrliches Arbeiten. Beim Gebrauch irgendwelcher Hilfsmittel wäre alle Mühe vergeblich; die Schüler würden dann ein sicheres Augenmaß nie erlangen.

Das Halbieren der Geraden.

Übungsbeispiele.

Fig. 346. **Ausführung und Erläuterung.** Diese Zeichnung wie die folgenden werden so entwickelt, wie es in Fig. 345 ersichtlich ist. Bei dieser Figur werden dann in den kleinen Quadraten von rechts oben nach links unten die Diagonalen gezogen. Das Muster ist einem aus blauen, roten, grünen und weißen Marmorplatten zusammengesetzten Mosaikfußboden entnommen (Römisch-byzantinische Arbeit aus der Kirche von Saint-Benoit-sur-Loire). Die Masse der Schüler legt die dunklen Dreiecke mit Kaffee- oder Neutraltinte, die besseren außerdem noch jedes zweite Dreieck mit einer schwarzen Farbe oder mit Tusche

(Deckfarbe) an. Die fähigsten Schüler führen die Zeichnung in den Originalfarben aus (Tafel IV).

Fig. 347. **Ausführung und Erläuterung.** In den kleinen Quadraten werden nach verschiedenen Richtungen Diagonalen gezogen. — Muster von einem aus kleinen Marmorwürfelchen zusammengesetzten Fußboden, schwarz und weiß, Pompeji, römische Arbeit.

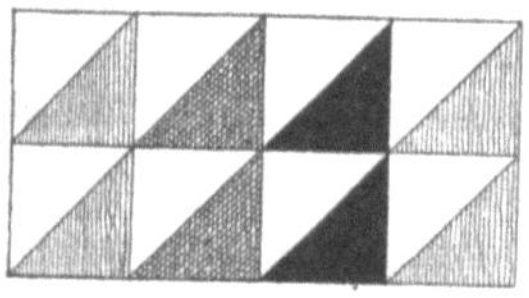

Fig. 346.

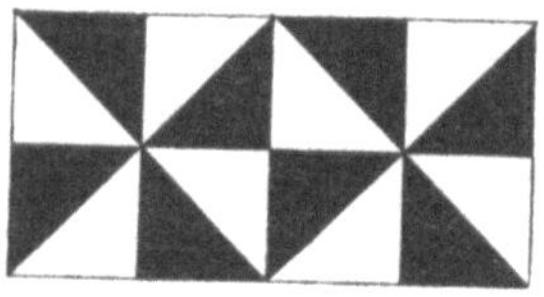

Fig. 347.

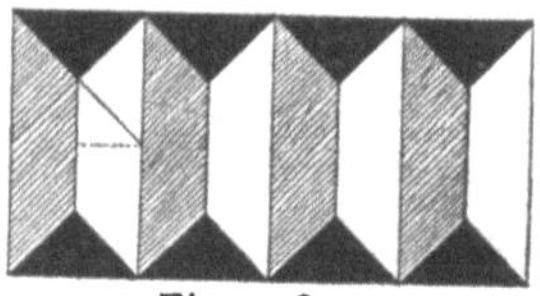

Fig. 348.

Fig. 348. **Ausführung und Erläuterung.** In den kleinen Quadraten werden beide Diagonalen gezogen, die Schnittpunkte durch senkrechte Linien verbunden. — Muster einer Verzierung aus verschieden gefärbten Elfenbeinplättchen an einem Messergriffe, schwarz, Lichtocker und Sepia; römische Arbeit von Pompeji; Marketerie.

Fig. 349. **Ausführung und Erläuterung.** Durch die Diagonalen der kleinen Quadrate werden zwei auf der Spitze stehende Quadrate gebildet. Die Seiten dieser Quadrate werden halbiert und die Halbierungspunkte durch senkrechte und wagerechte Linien verbunden. Um zu prüfen, ob richtig halbiert worden ist, können die Schüler nachträglich auch die anderen Diagonalen ziehen. — Muster von einem Ornamente aus schwarzen, lichtgrünen und vergoldeten Glasstiften (Tafel IV); aus der Kirche Ara Coeli, Rom; byzantinische Arbeit.

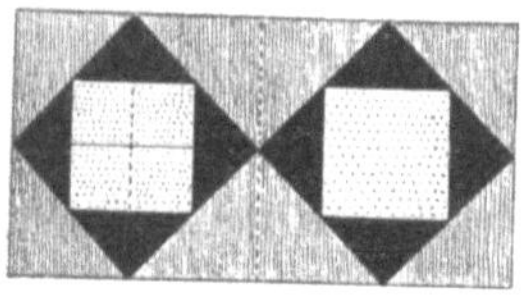

Fig. 349.

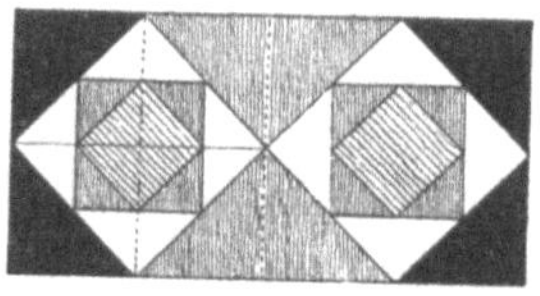

Fig. 350.

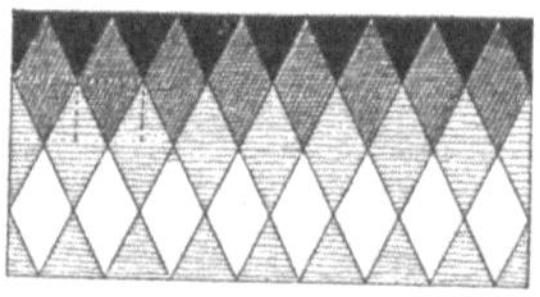

Fig. 351.

Fig. 350. **Ausführung und Erläuterung.** Die Ausführung ist dieselbe wie bei der vorhergehenden Figur; nur wird noch das auf der Spitze stehende kleine Quadrat hinzugefügt. — Muster: Teil des Fußbodens der Basilika S. Maria in Cosmedin in Rom aus Porphyr- und Marmorplatten. (Gelb, grün, weiß und schwarz.)

Fig. 351. **Ausführung und Erläuterung.** Durch Halbierung der kleinen Quadratseiten und durch die geradlinige Verbindung der Halbierungspunkte wird die ganze Fläche in sechzehn Quadrate zerlegt. Von diesen kleinen Quadraten werden einzelne Seiten nochmals halbiert, dann die Figur in der ersichtlichen Weise vollendet. — Marmormosaik-Fußboden aus der Kirche Orsanmichell, Florenz (1348). (Schwarz, rot, blaugrün und weiß.)

Fig. 352. **Ausführung und Erläuterung.** In den kleinen Quadraten werden die Diagonalen gezogen und durch Halbierung in vier gleiche Teile zerlegt; hernach zuerst die Quadrate, dann die Kreuze gemacht. Muster aus einer persischen Handschrift, im Originale zinnoberroter Grund mit weißem Liniennetz überzogen. Der leichteren Ausführbarkeit wegen kann man die ganze Fläche mit Blau (Lasurfarbe) anlegen und dann die Linien mit Gold ausziehen.

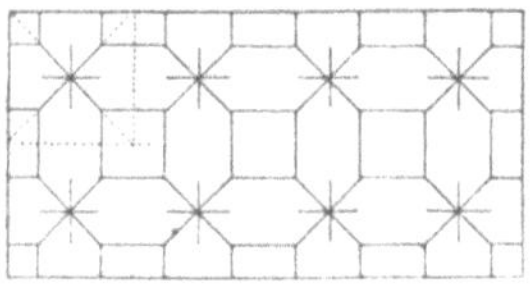

Fig. 352.

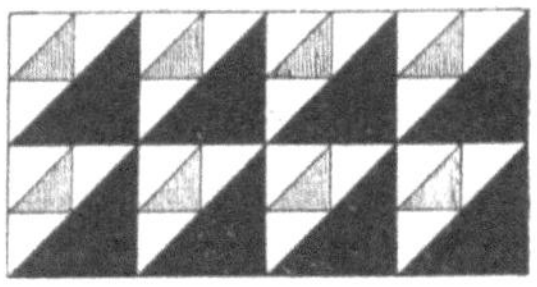

Fig. 353.

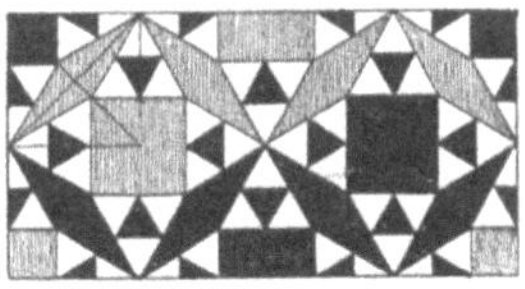

Fig. 354.

Fig. 353. **Ausführung und Erläuterung.** In den kleinen Quadraten werden die entsprechenden Diagonalen gezogen. Durch die Halbierung der Diagonalen und der Seiten und durch die geradlinige Verbindung der Halbierungspunkte wird die Hälfte der Quadrate in vier kongruente Dreiecke zerlegt. — Mosaik aus der Kirche Santa Cesarea, Rom; aus rot, weiß und grün emaillierten Marmorplatten (Tafel IV).

Fig. 354. **Ausführung und Erläuterung.** Die entsprechenden Diagonalen der kleinen Quadrate werden durch wiederholtes Halbieren in acht gleiche Teile zerlegt, dann die länglichen Rhomben gezeichnet. Durch die geradlinige Verbindung ihrer Eckpunkte erhält man die Quadrate. Endlich werden die großen Dreiecke in vier kongruente kleine zerlegt. — Mosaik aus der Kathedrale von Monreale bei Palermo (rot, schwarz und gold).

Das Teilen der Geraden in drei gleiche Teile.

Durch die vorausgegangenen Übungen ist das Augenmaß der Schüler so weit ausgebildet, daß sie sofort erkennen, ob zwei Linien gleich lang sind oder nicht, in welcher Lage sich dieselben befinden mögen. Durch die folgenden Übungen soll nun ihr Augenmaß noch mehr geschärft werden; sie sollen nicht nur sehen lernen, ob zwei Linien gleich lang sind, sondern auch herausfühlen, um wieviel die eine länger oder kürzer ist als die andere, ohne jedoch diesen Unterschied durch eine Maßzahl ausdrücken zu können, was sehr schwer, in vielen Fällen gar nicht möglich wäre. Denn selbst der beste Zeichner ist nicht imstande, sofort sicher anzugeben, ob z. B. zwei Linien um ein Sechstel oder ein Siebentel voneinander abweichen. Der Zeichner muß die Unterschiede von Linien ebenso herausfühlen lernen, wie ein guter Geiger fühlt, um wieviel eine Saite zu hoch oder zu tief gestimmt ist.

So läßt man die Schüler nun Ornamente zeichnen, bei deren Ausführung sie Linien, die sich in verschiedenen Lagen befinden, in drei gleiche Teile zu zerlegen haben. Dabei müssen sie, indem sie ein Drittel von der gegebenen Strecke nach dem Augenmaße abschneiden, ungleiche Strecken miteinander vergleichen. Oben haben sie die Hälften oder Viertel von Linien näher ins Auge gefaßt, nun lernen sie Drittel und Sechstel kennen. Das ist alles, was sie zur Vergleichung von Strecken brauchen; die Linien auch in fünf oder sieben Teile zerlegen zu lassen, ist überflüssig. Kommen die Schüler in die Lage, Linien zu vergleichen, die um ein Fünftel oder ein Siebentel differieren, so sehen sie bald, daß dieses Fünftel etwas kleiner als ein Viertel und dieses Siebentel etwas kleiner als ein Sechstel ist, und dieses Etwas werden sie nach einiger Übung treffen.

Der Lehrer teilt zu Beginn dieser Übungen unter Mitwirkung der Schüler zuerst eine wagrechte, dann eine senkrechte Linie in drei gleiche Teile, indem er zuerst von der Linie ein Drittel nach dem Augenmaße abschneidet; dann fordert er die Schüler auf, ihr Urteil abzugeben. Dieses wird zwar verschieden ausfallen, die große Mehrheit trifft wohl so ziemlich das Richtige. Haben die Schüler ihr Urteil abgegeben, so wird das größere Stück der Linie halbiert. Sind die so erhaltenen drei Teile gleich, dann ist das erste Drittel richtig angenommen worden; wenn nicht, so muß die entsprechende Verbesserung, natürlich wieder mit Hilfe der Schüler, vorgenommen werden. Nun wissen dieselben, wie sie gerade Linien in drei Teile zu zerlegen haben, und können nunmehr Ornamente zeichnen, bei welchen solche Teilungen vorkommen. Der Vorgang bei Ausarbeitung dieser Übungsstücke ist derselbe, wie im vorigen Kapitel. Die nebeneinanderliegenden Quadrate werden in der erwähnten Weise entworfen; die weitere Ausarbeitung der Beispiele ist bei jedem angegeben.

Übungsbeispiele.

Fig. 355. **Ausführung und Erläuterung.** Sowohl bei diesem, als auch bei den meisten anderen Übungsstücken dieses Abschnittes empfiehlt es sich, die Mittellinien der Quadrate wegzulöschen; sie führen bei der Dreiteilung die Schüler leicht irre. Sind die Mittellinien entfernt, so werden die Seiten der Quadrate in drei gleiche Teile zerlegt und dann die Teilungspunkte durch senkrechte und wagrechte Linien miteinander verbunden; in den dadurch entstehenden kleinen Quadraten werden die entsprechenden Diagonalen gezogen. — Fußboden aus roten und schwarzen Tonplatten; Mittelalter.

Fig. 356. **Ausführung und Erläuterung.** Nach Zerlegung der großen Quadrate in kleine werden die entsprechenden Diagonalen gezogen. —

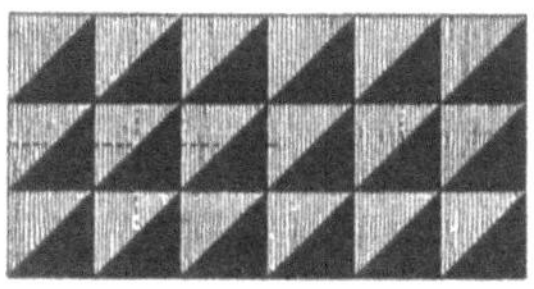
Fig. 355.

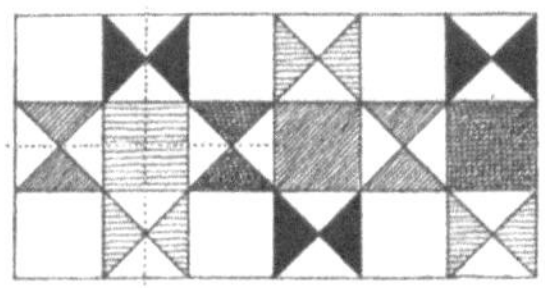
Fig. 356.

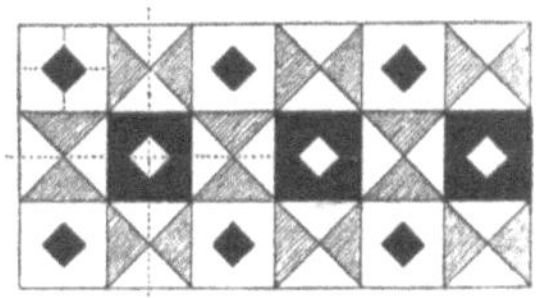
Fig. 357.

Mosaik aus dunkelgrünem, blauem, rotem, gelbem und weißem Marmor (Tafel IV); aus der Kirche zu St-Benoit-sur-Loire.

Fig. 357. **Ausführung und Erläuterung.** Nachdem das Ornament so weit ausgeführt ist wie Fig. 356, werden noch in den entsprechenden Quadraten die Mittellinien gezogen, hierauf die auf den Ecken stehenden kleinen Quadrate eingezeichnet. — Pompejanisches Mosaik aus blauen, gelben und weißen Steinchen.

Fig. 358. **Ausführung und Erläuterung.** Die äußeren Seiten der kleinen Quadrate werden in drei gleiche Teile zerlegt. Indem man die Teilungspunkte durch gerade Linien verbindet, erhält man die senkrechten und wagrechten Streifen. In die von ihnen eingeschlossenen Quadrate werden nun die auf den Ecken stehenden Quadrate eingezeichnet und ihre halben Diagonalen in drei gleiche Teile zerlegt, wodurch man die Eckpunkte der kleinen Quadrate bekommt. — Fußboden aus roten, blauen und weißen Marmorplatten (Tafel IV); römisch-byzantinisch.

Fig. 359. **Ausführung und Erläuterung.** Die Ausführung ist vollständig der Figur zu entnehmen. — Holzmosaik. Motiv aus einer

Türfüllung von S. Anastasia zu Verona. 15. Jahrhundert. — Schwarz, Lichtocker und Sepia.

Fig. 360. **Ausführung und Erläuterung.** In den kleinen Quadraten werden die Diagonalen und die Mittellinien gezogen und die halben Mittellinien in drei gleiche Teile zerlegt; durch die geradlinige Verbin-

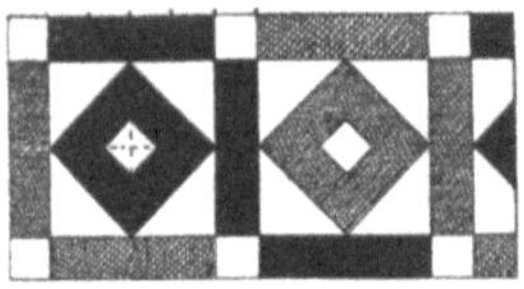

Fig. 358.

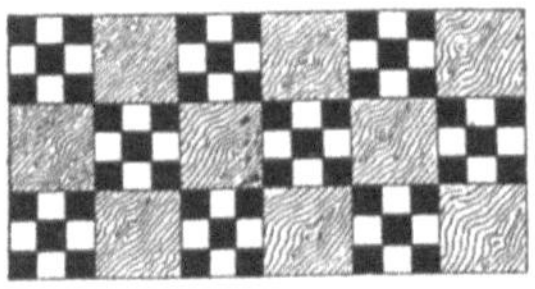

Fig. 359.

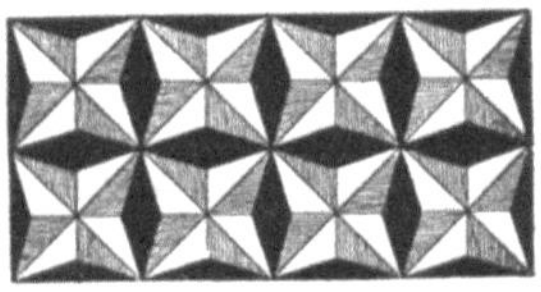

Fig. 360.

dung der entsprechenden Teilungspunkte wird die Figur vollendet. — Parkettfußboden aus Ahorn-, Eichen- und dunkel gebeiztem Nußholz. — Lichtocker, Sepia und Tusche (Deckfarbe).

Fig. 361. **Ausführung und Erläuterung.** Die Vierteldiagonalen der auf der Spitze stehenden Quadrate werden in drei gleiche Teile zerlegt und durch die geradlinige Verbindung der entsprechenden Teilungspunkte ähnliche, aber etwas kleinere Quadrate hergestellt. Die Seiten dieses Quadrats werden in drei gleiche Teile zerlegt und die einander gegenüberliegenden Teilungspunkte durch gerade Linien verbunden. — Modernes Stoffmmuster. — Schwarz, blau und weiß; Zeugdruckerei.

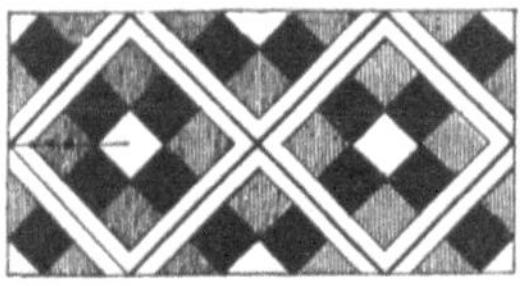

Fig. 361.

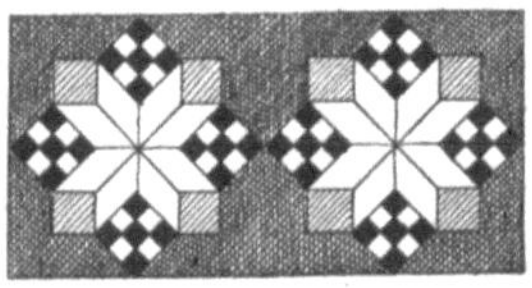

Fig. 362.

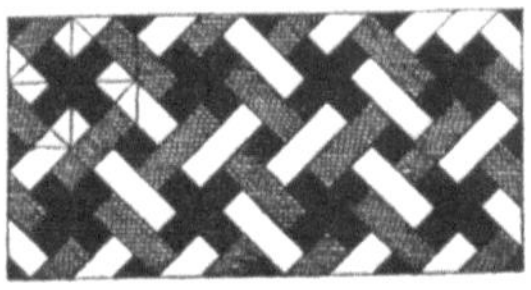

Fig. 363.

Fig. 362. Ausführung und Erläuterung. In die Grundfigur werden zwei auf den Ecken stehende Quadrate eingezeichnet; die Seiten der zwei Grundquadrate werden dann in sechs gleiche Teile zerlegt und die entsprechenden Teilungspunkte durch horizontale und senkrechte Linien verbunden; diese Linien schneiden die Seiten der auf den Ecken stehenden Quadrate. Durch die entsprechende geradlinige Verbindung dieser Schnittpunkte bekommt man die sternförmig angeordneten Quadrate. Die größeren derselben werden nochmals in der angegebenen Weise zerlegt. — Holzmosaik (Marketerie) aus dem 15. Jahrhundert. — Schwarz, Sepia, Goldocker und Weiß (Tafel IV).

Fig. 363. **Ausführung und Erläuterung.** In jedes der acht kleinen Quadrate wird ein auf der Spitze stehendes Quadrat eingezeichnet. Die Seiten dieser Quadrate werden in drei gleiche Teile zerlegt; durch die entsprechende Verbindung der Teilungspunkte wird das Netz zu dieser Figur hergestellt. — Fußboden aus farbigen Zementplatten. — Modern. — Schwarz, Rot, Goldocker.

Das Dreieck und die Winkel.

Durch die bisher beschriebenen Übungen haben die Schüler nunmehr ein so scharfes Augenmaß bekommen, daß sie die Längen- und Breitenverhältnisse jeder beliebigen Figur genau bestimmen können. Zur formverständigen Auffassung eines Gebildes und besonders zur Herstellung eines richtigen Umrisses desselben reicht die erworbene Fertigkeit noch nicht aus; sie müssen noch die Fähigkeit erwerben, die Lage eines jeden Punktes einer Figur genau zu bestimmen. Diese Fähigkeit erwerben sie sich am leichtesten durch das Nachbilden von Dreiecken und durch das damit verbundene Abschätzen von Winkeln. Denn sind sie imstande, ein beliebiges Dreieck genau nachzuzeichnen, so besitzen sie auch die Fähigkeit, jeden Punkt einer Figur zu bestimmen, wenn ihnen zwei Punkte derselben bekannt sind. Bei einfachen Figuren ist es einleuchtend, daß sie mit Zuhilfenahme von Dreiecken viel leichter entworfen werden können, als ohne dieses Hilfsmittel. Nebenstehende Figuren führen dies anschaulich vor Augen (Fig. 364). Aber nicht nur bei so einfachen Entwürfen leisten Dreiecke gute Dienste, sondern auch bei Ausführung von schwierigen Arbeiten. Nehmen wir an, es wäre der Umriß des umstehenden Kopfes gezeichnet, und man sollte nun die Lage der innerhalb des Umrisses liegenden Gesichtsteile bestimmen.

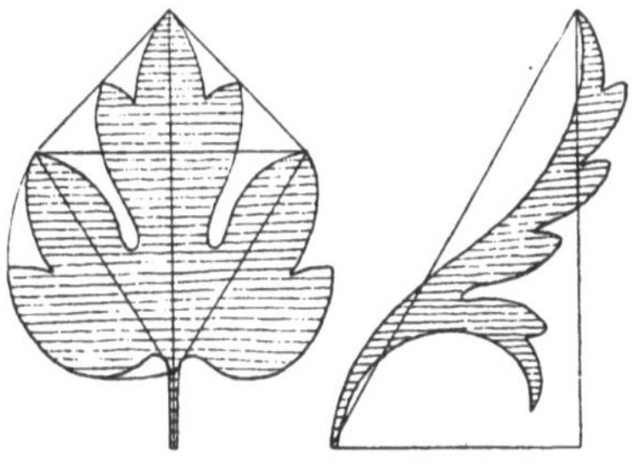

Fig. 364.

Man sieht an Fig. 365 (vgl. Tafel V), wie vermittels des Dreiecks *g* zuerst der Augenwinkel an den richtigen Platz gestellt, wie dann durch das Dreieck *d* der Ort des Mundwinkels ermittelt, und wie endlich mit Hilfe des Dreiecks *e* auch das Ohr an die richtige Stelle gerückt wird. Auch bei Bestimmung von Punkten des Umrisses selbst leisten Dreiecke gute Dienste. Denken wir uns beispielsweise die hervorstechenden Punkte desselben durch gerade Linien verbunden, so werden uns durch die damit entstehenden Dreiecke (*a* und *b*) etwaige Unterschiede zwischen Vorbild und Nachbildung viel besser vor Augen geführt. Es leuchtet ein, daß, wer die größte Sicherheit im Bestimmen solcher Punkte besitzt, seine Zeichnung auch am genauesten ausführen wird, selbst wenn ihm die mechanische Seite seiner Aufgabe nicht so geläufig wäre wie einem anderen. Diese Sicherheit erwirbt er sich aber durch das Zeichnen von Dreiecken. Alle guten Zeichner schlagen diesen Weg beim Entwerfen ein, bewußt oder unbewußt.

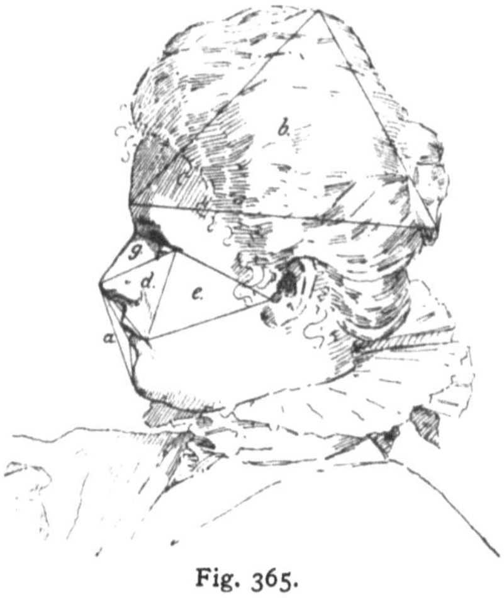

Fig. 365.

Läßt man solche, die im Zeichnen noch keine Übung besitzen, verschiedene Dreiecke nachbilden, so wird man sehr bald die Erfahrung machen, daß sie gleichseitige Dreiecke ziemlich gut nachzeichnen, auch rechtwinkelige Dreiecke treffen sie noch annähernd; ungleichseitige Dreiecke hingegen bieten ihnen unüberwindliche Schwierigkeiten, sie verfehlen nicht nur das Verhältnis der Seiten gänzlich, sondern treffen auch die Größe der Winkel nicht.

Also wird man den Schülern zuerst Figuren zu zeichnen geben, bei welchen gleichseitige Dreiecke vorkommen. Schon hierbei werden die Schüler ihre Aufmerksamkeit jenen rechtwinkeligen Dreiecken zuwenden, welche entstehen, wenn sie in gleichseitigen Dreiecken Höhen ziehen. Wissen sie gleichseitige Dreiecke richtig nachzuzeichnen, so läßt man Übungen folgen, bei denen gleichschenkelige Dreiecke vorkommen. Beim Nachzeichnen zerlegen sie auch diese durch Ziehen von Höhen in rechtwinkelige Dreiecke. Sobald man sie aber gleichschenkelige Dreiecke von verschiedenen Höhen zeichnen läßt, müssen sie natürlich auch rechtwinkeligen Dreiecken von immer wechselnden Seitenverhältnissen ihre Aufmerksamkeit schenken. Folgerichtig sollten diese Übungen durch das Zeichnen von ungleichseitigen Dreiecken abgeschlossen werden. Da aber beim Zeichnen von ungleichseitigen Dreiecken weniger die verhältnis-

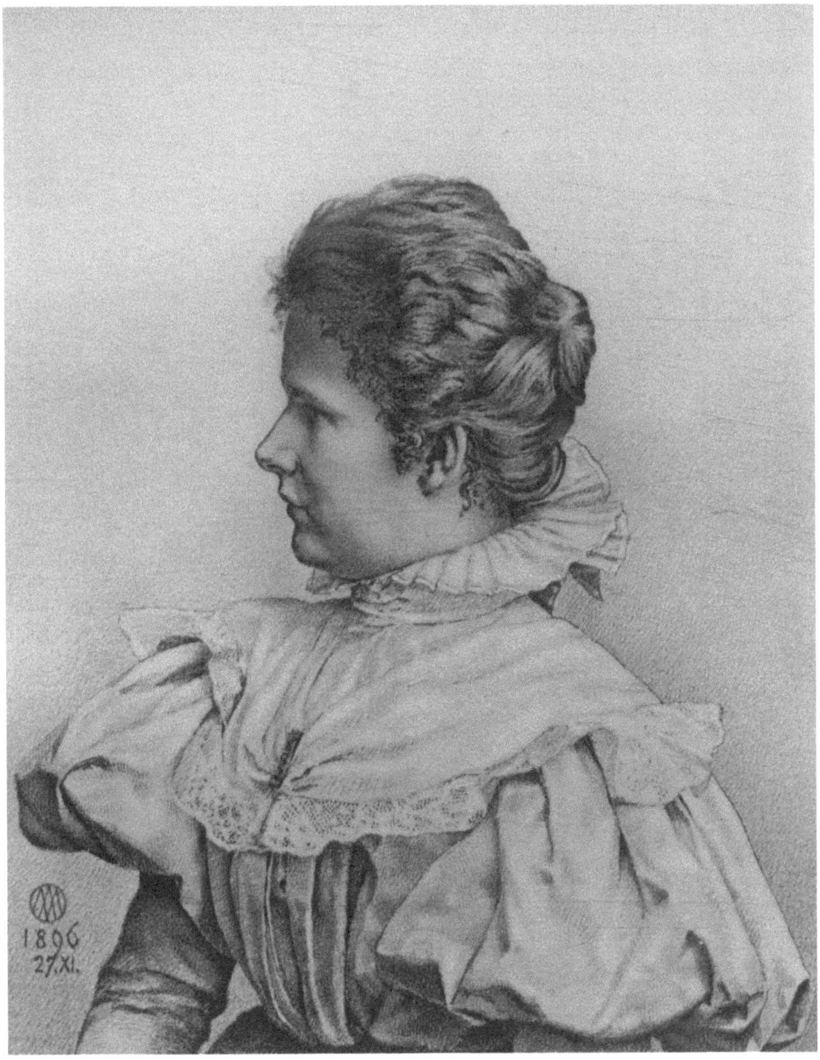

A. Micholitsch: Studienkopf.

Kolibri 360 GmbH
Ferdinand-Jühlke-Straße 7
99095 Erfurt, Deutschland
produktsicherheit@kolibri360.de